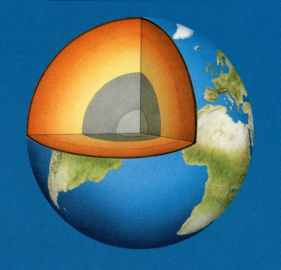

AR超级看

神奇的地球

（西）爱德华多·班克里 著

张　晨 译

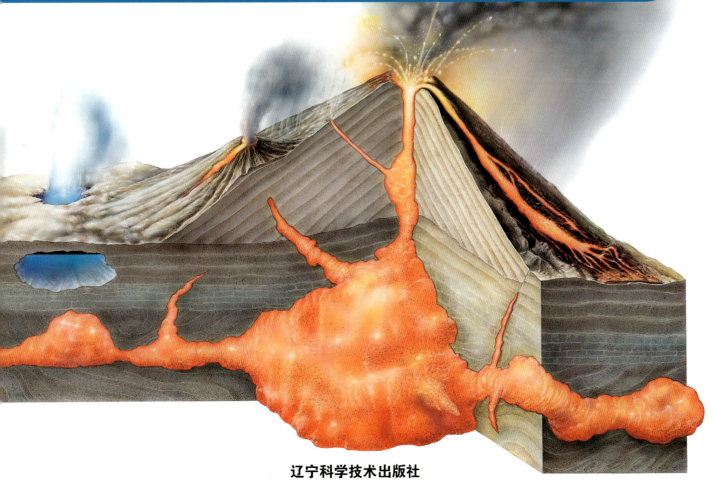

辽宁科学技术出版社

· 沈阳 ·

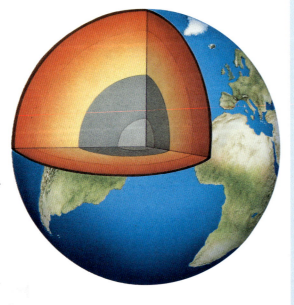

这本书是讲什么的？

本书面向对地球知识特别感兴趣的青少年读者。地质学是一门研究地球的科学。这是一门有趣的科学，因为它包含了所有关于地球的问题：地球的起源、组成和结构，它的过去和未来，它的现状和进化，以及许许多多地球上已经或正在发生的现象。

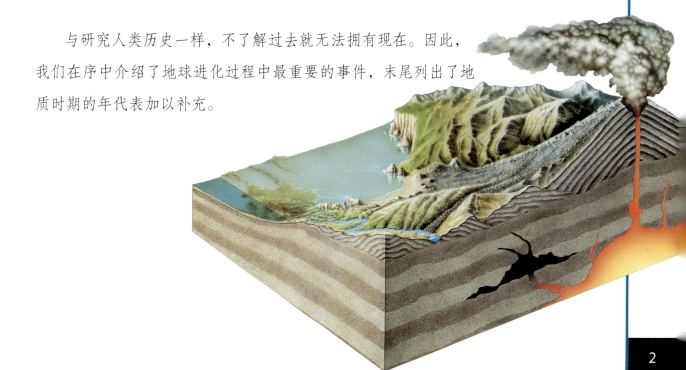

我们没有把这本书打造成一本全面的参考书；相反，我们用了更加生动的形式展示了地球这是生机勃勃的星球和它丰富的内部活动（火山、地震、板块运动、火成岩和变质岩的形成等）以及外部活动（风化、侵蚀、运输材料、沉降、沉积岩的形成等）。

阐释地球历史时，我们遵照了事件发生的实际顺序。所以，本书从地球的起源讲起，随后分析了地球的结构和组成。接下来是地球的内部活动与影响（板块运动、火山爆发等），外部活动的不同过程（地下水、冰川和海洋的作用）。最后，我们用一章内容专门介绍地图的使用方法，方便青少年读者朋友通过这种基本工具学习、了解地球表面。

与研究人类历史一样，不了解过去就无法拥有现在。因此，我们在序中介绍了地球进化过程中最重要的事件，末尾列出了地质时期的年代表加以补充。

一个历史悠久的星球

地球在太阳系里的位置很特别，它与太阳的距离刚好可以获得足够的光照。

适宜生命繁衍的星球

地球距离太阳约1.5亿千米，是离太阳第三近的行星。它不是太阳系内最大的行星，在太阳系的8个主要行星中排行第五。这使得地球可以在外部保有一个气体层——大气层，它散射光照，吸收热量，这样地球就不会在白天变得过热，也不会在夜里变得过冷。地球表面70%的面积都被水覆盖，这也对调节温度很有帮助。蒸发的水分形成云，然后以雨或雪的形式落回地面，形成河与湖。

地球是人类已知的，唯一一个存在生命的星体。它拥有含氧的大气，地表有液态水，但这两样条件同样经历了漫长的演变。

当我们谈论地球的历史时，我们发现了与人类历史研究一样的问题：我们对地球很长一段时间内的情况一无所知。我们将这段时间称为前寒武纪。

前寒武纪是地球进化过程中最古老、最漫长也最神秘的一段时期。这个词意为"隐藏的生命"，因为最早的生物出现在这段时期的末尾，但如今我们已经几乎找不到他们存在的痕迹。因此，前寒武纪也叫"隐生宙"，持续了39亿年。

前寒武纪（隐生宙）分为3个阶段

前太古宙或冥古宙（45亿—38亿年前）

包括了地球形成的最初时刻以及地球遭受流星猛烈轰击的时期。最初，地球处于半

在最初的几百万年中，地球一直处于白热状态，并且受到流星的猛烈轰击。

太古宙是火山活动最活跃的时期之一。火山爆发喷发出的气体最终成为大气的组成成分，水蒸气则凝结为大量的降水，形成了地球表面的海洋。

熔化的状态，被大量水蒸气和无法呼吸的气体包围。

太古宙（38亿—25亿年前）

在这一阶段，地球的地壳基本形成，并且已经足够冷却，出现了原始大气。这个时期的火山活动十分活跃，有大量的岩浆上升到地表，凝固后成为地壳的一部分。

元古宙（25亿—5.7亿年前）

这段时期出现了最早的、能够代谢氧气的生物和最早的多细胞真核生物（细菌和光合绿藻）。同时，这些原始生物的代谢活动使得原始大气中的氧气含量逐渐增加，无脊椎动物朝着多样化的方向进化。

显生宙（5.7亿年前至今）

这个词意为"明显的生命"。大约在5.7亿年前，地球上发生了一次生命体的爆发式增长，随后这种情况延续到了整个海洋之中，极大地丰富了地球上的生物多样性。在这期间，几个大事件使大洲和海洋形成了现在的布局，生物的进化也达到顶峰，出现了人类。显生宙时期分为3个阶段：古生代时期（5.7亿—2.25亿年前）、中生代时期（2.25亿年至6500万年前）和新生代时期（6500万年前至今，人类出现在这一时期的第四纪）。

元古宙出现了极为多样的生物种类。然而这一时期的生物都是海洋无脊椎动物，因此我们在化石中几乎找不到它们的痕迹。

中生代，爬行动物出现在了地球上的每个生态系统中，并且主导了地球近2亿年的时间。中生代末期，它们灭绝了，哺乳动物成了地球的新霸主。

古生代 发生了两次重要的造山运动——加里东和海西造山运动，伴随相应大洲的断裂和碰撞，最终形成了山脉。人们认为在这期间还发生了两次漫长的冰河期，中间穿插较暖的时期，使得珊瑚结构得到广泛扩散。大陆上的生命形态最初以植物和节肢动物为主，后来成了（两栖）脊椎动物的天下。

三叶虫是古生代最具代表性的节肢动物：它们长有几丁质外骨骼，是当时唯一一种生活在浅水区的海洋生物。

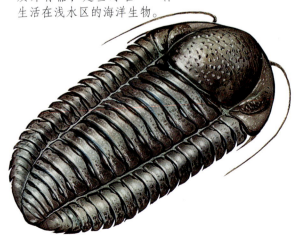

中生代 在此期间，组成泛大陆的大陆板块逐渐分离，没有明显的全球性造山运动发生。起初，气候十分极端，随后在整个中生代逐渐变得温和、湿润，而中生代末期又出现了新的冰期。生物在这段时期占据了大陆。爬行动物以惊人的速度发展，哺乳动物和鸟类也出现了。同时还出现了最早的开花植物。恐龙的大规模灭绝发生在中生代末期。

新生代 新生代的名字在希腊语中意为"新动物"，它开始于6500万年前，由第三纪（6500万年—250万年前）和第四纪（250万年至今）组成。大陆在这段时期形成了现在的样子。这一时期的另外一个特点是哺乳动物，取代了爬行动物。大约3000万年前的新生代中期，出现了最早的、有抓握能力的灵长类动物。猿和人都属于灵长

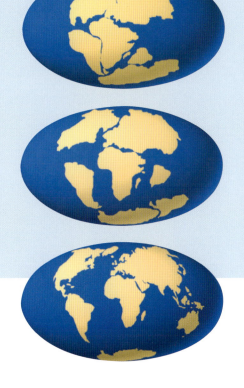

过去几百万年间，板块的移动与板块之间产生的碰撞形成了巨大的山脉，也划分了当代大陆的界线。

类动物，而真正的人科动物要到这一时期结束时才出现。

这一时期发生了新的构造活动，地球再一次经历了有4个冰期的极端环境。直到今天，地球仍在不断变化。地壳破裂成15个巨大的板块，这些板块长期处于运动状态，它们的边缘不停地生成和消减。因此，非洲将在未来的1.5亿年内一分为二，其中一部分会向北漂移，与欧洲连在

一起。南极洲与澳大利亚结合，美国的加利福尼亚也将北移，最终与阿拉斯加撞在一起。

最早的人科动物出现在第三纪的末期，但智人则出现在地球上最后一个冰河期快要结束（4万年前）时，距离现在已经很近了。

一项缓慢却全面的工程

地球是46亿年前由一个气体团和组成太阳系星云的宇宙尘埃形成的。起初，它是一团半熔化的白热化球状物质。最重的元素向中心跌落，形成金属核心；最轻的元素升到表面，形成坚硬的架构和地壳。在过去的几百万年间，地球逐渐冷却，表面固化，形成大气和海洋。

1 气体和尘埃云

2 太阳的形成
46亿年前，一团气体和尘埃结合成了太阳。

3 行星的形成
这团气体和尘埃的其他部分凝结成固状的冰和岩石，它们凝结在一起，形成了行星。

4 放射性
岩石的放射性使得新生的地球熔化了。

5 地核的形成
铁和镍沉降形成地核，大量被熔化的岩石覆盖在地核表面。

6 猛烈的火山活动
火山活动使地壳越来越厚，大气充满了气体。

7 大气和海洋的形成
火山爆发喷出的气体开始形成大气，水蒸气凝结，形成海洋。

8 35亿年前
大部分地壳已经形成，但那时的大陆与现在的看起来十分不同。

9 现状
地壳破裂成巨大的板块，它们的边缘不停地生成和消减。

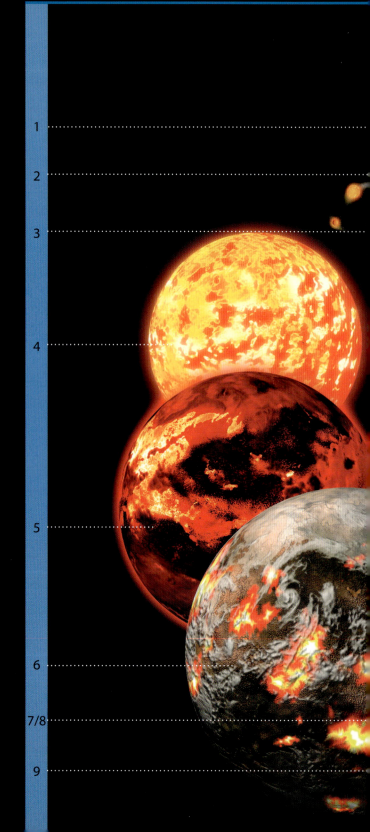

地壳凝固，水蒸气开始凝结，以雨的形式降落，形成最早的海洋。强烈的火山活动产生了充足的水蒸气，形成原始大气。

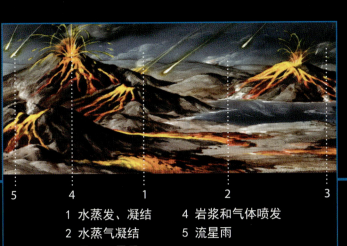

1 水蒸发、凝结   4 岩浆和气体喷发
2 水蒸气凝结   5 流星雨
3 暴雨和雷暴

地球表面的原始状态

原始大气

由甲烷(CH_4)，氨气（NH_3），硫化氢（H_2S），二氧化碳（CO_2）和水蒸气组成。氢和氦散发到空中，氧也在数百万年之后出现了，这时也出现了最早的光合生物。

地球运动的结果

太阳的存在以及地球的绕日运动是地球上气象变化和气候变迁的主要原因。地球具备两个主要的天文运动：自转和公转。这些运动引起了四季的变化，日夜的更替，整个地球的温度差异，以及我们知道的所有气象现象。

1 轨道
地球沿椭圆形轨道绕太阳公转，环绕一周所需时间略长于365天。

2 自转
是地球围绕自身的虚拟轴线进行的旋转运动；由西向东旋转一周约24小时。

3 冬至
每年12月21日或22日，视太阳位置达黄经270°时开始，此日太阳光几乎直射南回归线，北极圈内终日不见太阳，俗称"极夜"。

4 夏至
每年6月21日或22日，视太阳位置达黄经90°时开始，此日太阳光几乎直射北回归线，北半球昼最长、夜最短。

与太阳的距离改变

由于地球绕椭圆形轨迹围绕太阳公转，二者之间的距离在一年中的不同时间会不断变化。地球距离太阳最近的时候（1月）二者距离为1.477亿千米，称为近日点；距离太阳最远的时候（7月）二者距离为1.522亿千米，称为远日点。

为了确定地球上某点的位置，人们创造出了一组与赤道平行的虚构环形（纬线）和一组与其垂直的，在南北两极交会的环形（经线）。

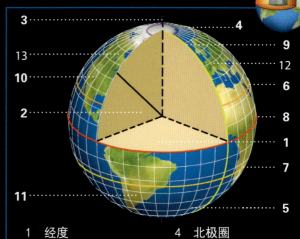

5 春分

每年3月20日或21日；视太阳位置达黄经0°时开始，此日太阳光几乎直射赤道，全球昼夜几乎等长。

6 秋分

每年9月22日或23日；视太阳位置达黄经180°时开始，此日太阳光几乎直射赤道，全球昼夜几乎等长。

7 自转轴

是地球自转的虚拟轴线；这个轴并不与公转的椭圆形轨道垂直，而是存在一个夹角。并且它在地球中的位置也不固定，有微小的移动。

1 经度
是目标地点所在的经线与参考经线（本初子午线）在赤道上形成的角度。

2 纬度
是目标地点与标准纬线（赤道）在经线上形成的角度。

3 极轴

4 北极圈
5 南极圈
6 北回归线
7 南回归线
8 赤道
9 格林尼治子午线
10 北半球
11 南半球
12 东子午线
13 西子午线

地理坐标系统

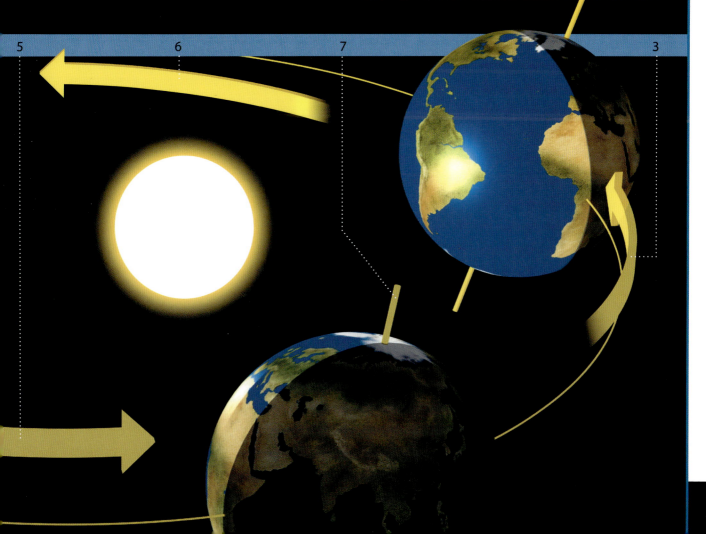

5   6   7   3

地心·探险

通过对地震波传播方向和速度的研究，对地表岩石、火山岩浆、调查、实验和陨石的分析，我们可以确定地球的结构分为几层。

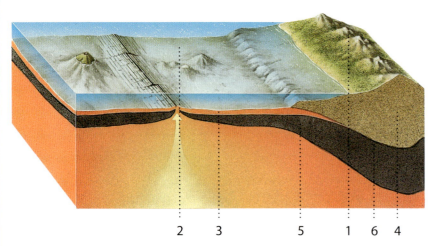

| | | |
| 2 | 3 | 5 1 6 4 |

1 大陆地壳
厚度为20~50千米；由沉积岩、花岗岩和玄武岩组成。

2 海洋地壳
主要由玄武岩组成，厚度为5~10千米。

3 沉积岩层
位于大陆和大陆架中。

4 花岗岩层
是构成大陆区的基本结构。

5 玄武岩层
存在于大陆和海洋区域。

6 康拉德间断面
区分地壳中的花岗岩和玄武岩层。

地壳结构

地壳是一个不均匀的结构，它的成分和厚度随着地壳形成的是海洋还是陆地而发生变化。

地壳
地球最外层，也是最薄的一层结构；由沉积岩、花岗岩和玄武岩组成。

岩石圈
包括全部的地壳和地幔的上层，形成"漂浮"在软流圈之上的板块。

软流圈
是上层地幔中的黏性层，岩石圈就"漂浮"在它上面。

外核
由熔化的镍和铁构成。

内核
由固体镍和铁构成。

维歇特雷曼间断面
区分了地壳的内核与外核。

古登堡间断面
区分了地壳的下地幔和外核。

瑞佩蒂间断面
区分了地壳的上层与下层地幔。

莫霍间断面
区分了地壳和地幔。

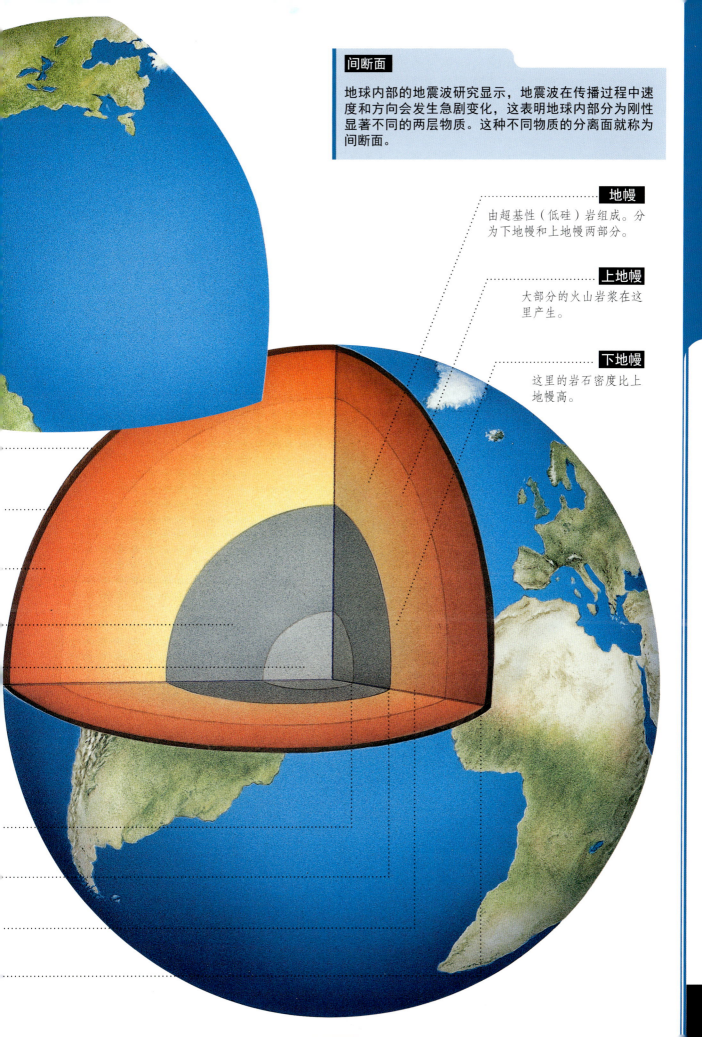

间断面

地球内部的地震波研究显示，地震波在传播过程中速度和方向会发生急剧变化，这表明地球内部分为刚性显著不同的两层物质。这种不同物质的分离面就称为间断面。

地幔

由超基性（低硅）岩组成。分为下地幔和上地幔两部分。

上地幔

大部分的火山岩浆在这里产生。

下地幔

这里的岩石密度比上地幔高。

我们呼吸的气体

大气层是包裹地球的气体层。它的主要成分包括氮气（78%）、氧气（21%）和含量较低的其他气体，如二氧化碳和水蒸气。空气对生命非常重要，它使我们能够呼吸，阻挡来自太阳的紫外线进而保护我们，并防止地球表面变得过热或过冷。由于重力作用，大气总是与地球紧密相连，且包含不同的层次。

臭氧层

位于平流层，距离地球表面高度15~50千米。臭氧是一种由3个氧原子(O_3)组成的不稳定化合物。它是一种强而有效的太阳辐射过滤器，能够阻止对人类存在致命危害的那一小部分紫外线。

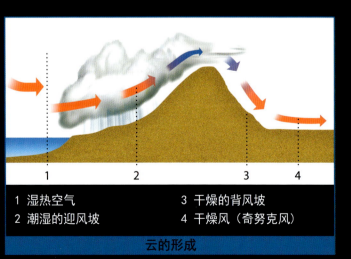

1 湿热空气
2 潮湿的迎风坡
3 干燥的背风坡
4 干燥风（奇努克风）

云的形成

空气上升冷却，其中包含的水蒸气凝结形成悬浮的小水滴，我们把它称作云。云的形成存在多种机制。

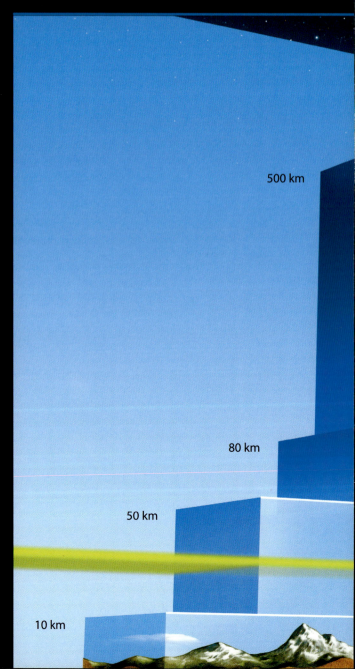

500 km

80 km

50 km

10 km

1 对流层
大气层中最密的一层；气象现象发生在这里，它的组成成分适合生物生息繁衍。

2 对流层顶
对流层与平流层的边界。

3 平流层
由于臭氧层的存在，大气对紫外线的吸收就在这里进行。

4 平流层顶
平流层与中间层的边界。

5 中间层
尽管成分比例与对流层相同，这里的空气密度很低；大部分陨石进入这一层大气后会瓦解不见。

6 中间层顶
中间层和热成层的边界。

7 热成层
空气密度极低，所含原子只有少数发生了电离；北极光出现在这里，也是卫星轨道所在的区域。

8 电离层
它不是一个独立的层次，而是热成层的一部分。远距离无线电通信正是借助电离层的不同区域，将无线电波反射回地球。

9 热成层顶
热成层与外逸层的边界。

10 外逸层
最轻的气体从这里逃离地球的引力作用，分散到太空之中；它的散布范围可以达到距离地球8000千米的地方。

11 温度
这张图片标出了各个大气区域的近似温度。

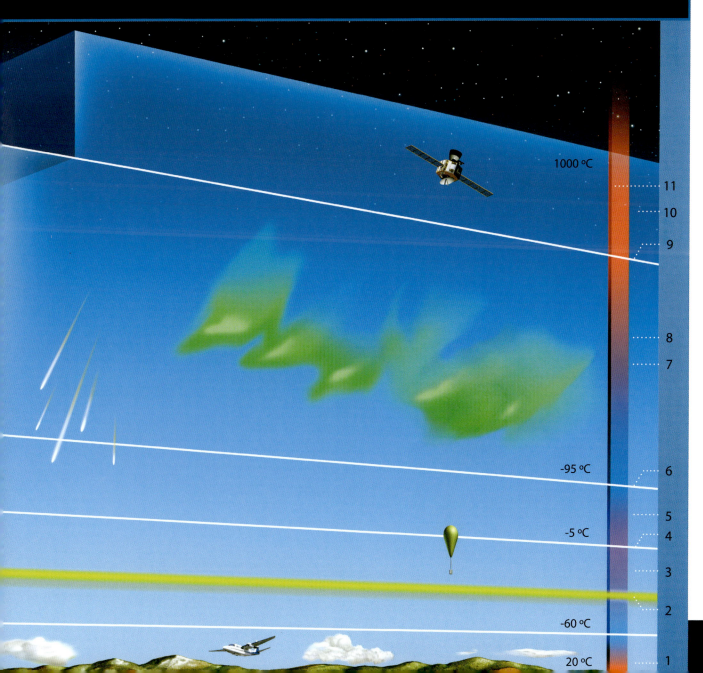

1000 ℃

-95 ℃

-5 ℃

-60 ℃

20 ℃

漂移的大陆

地壳与上地幔一同构成了岩石圈。它不是一个连续的层次，而是分解成大块的地壳板块，相互关联，逐渐移动，"漂浮"在名为软流圈的黏性层上方。板块之间的边缘是充满地质构造、地震和火山活动的不稳定区域，地壳在这里生成或消减。

生长型板块边界

软流圈的岩浆上升，形成新的岩石圈；这一过程会导致海床扩张。

消减型板块边界

岩石圈沿着俯冲板块边缘发生消减，以岩浆的形式重新成为软流圈的一部分。

海沟

是在大陆岩石圈下海洋通道的消减型边界处形成的。

海岭

是由软流圈的岩浆在生成型边界上升形成的海底山脉。

火山活动

碰撞板块之间的摩擦十分强烈，导致岩石熔化，向外溢出，形成火山。

岩石圈

包含了地壳和上地幔的固体层。

俯冲区域

由于大陆板块相互碰撞，一块地壳板块变形，被压到另一块板块的岩石圈下方。

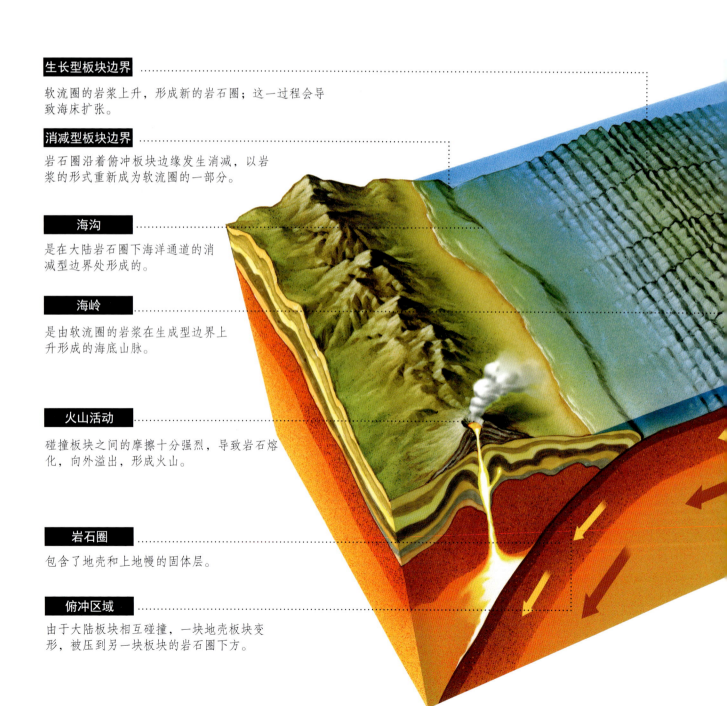

板块挤压

发生在两个大陆板块碰撞的时候，通过变形、挤压将两个板块合成一个大板块。

运动中的大陆

古生代结束的时候，所有的大陆都集结在一起，这一大块大陆被称为泛大陆。从那以后，地壳断裂成几个部分，这些板块最终又会重新连在一起。

被动板块边缘

这个位置的岩石圈既不生成，也不消减；一般情况下，还同时伴有转换断层。

软流层

是上层地幔中的黏性层，岩石圈就"漂浮"在它上面。

转换断层

两个地壳板块的边缘横向滑动形成的断裂带；这种滑动通常引起地震。

海床的扩张

上地幔物质在生成型板块的边缘朝地表流动，涌出的物质形成新的海洋岩石圈，海床向海岭的两侧扩展，这就是大陆漂移。

板块的折叠

当两个大陆岩石圈板块发生碰撞时，二者都发生变形和挤压，进而产生巨大的山脉。

吐火的大地

多数地震和火山都出现在岩石圈板块的边界处。环太平洋火山地震带是最活跃的一个。

地球内部炽热的物质和气体通过裂缝上升到地表时，就形成了火山。这个过程可能很猛烈，也可能很缓慢。在过去1万年中，全世界范围内的活跃火山共有1415座。其中一些经常喷发，比如夏威夷、印度尼西亚的火山，以及埃特纳火山和斯特龙博利火山，其他火山则多年处于休眠状态。

排放岩浆在高□
体，也排出大□

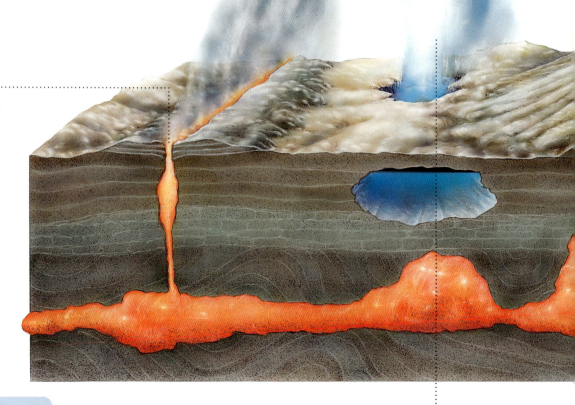

裂缝火山

有时岩浆在地壳裂缝中大量流动，遍布整个裂缝。

致命火山

1883年8月，印度尼西亚爪哇岛附近的喀拉喀托火山喷发，巨大的冲击力将岩石抛到了55千米的高空。火山所在的小岛发生了爆炸，爆炸的威力相当于100个百万吨炸药（日本广岛原子弹爆炸的威力约为20个百万吨炸药）；人们在澳大利亚都可以听到爆炸的声响，这次火山爆发还产生了40米高的海啸巨浪。大约36000人在这次自然灾害中丧生。

间歇泉

间歇喷发的沸水。间歇泉是地下水与岩浆接触时形成的。

火山口
火山喷出物在它们的喷出口周围堆积，在地面上形成的环形坑。

火山锥
是顶部开口，火山连续喷发后由喷发物堆积形成的锥形结构。

侧烟道
排出熔岩、气体和灰烬的次级裂缝。

坝状物
熔岩进入裂缝，随后固化，并不到达地表。

喷气孔
出的气

火山弹
是火山喷发物中呈现固态或塑性状态的大块物质，落地之前会在空中固化。

主烟道
岩浆上升的主要通道。

熔岩流
从火山口排出的岩浆物质；可以形成像河一样流淌的熔岩。

岩浆室
熔岩形成的区域。

地下·世界

喀斯特是石灰石在雨水和二氧化碳的共同作用下溶解产生的现象。石灰石尽管结构紧密，但表面粗糙，裂缝和岩体层面使它具备渗透性岩体的特点。流经表面的水通过粗糙的表面渗透进去，溶解石灰石，带出部分溶解的碳酸钙。

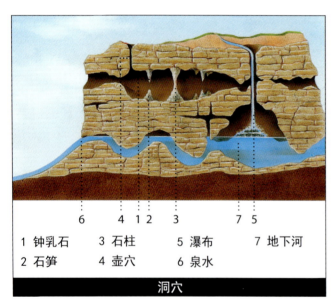

| 1 钟乳石 | 3 石柱 | 5 瀑布 | 7 地下河 |
| 2 石笋 | 4 壶穴 | 6 泉水 | |

洞穴

洞穴是最高处部分塌陷形成的地下空间。石灰石的溶解和沉降都发生在这里，因此常常形成形态各异的美景奇观。

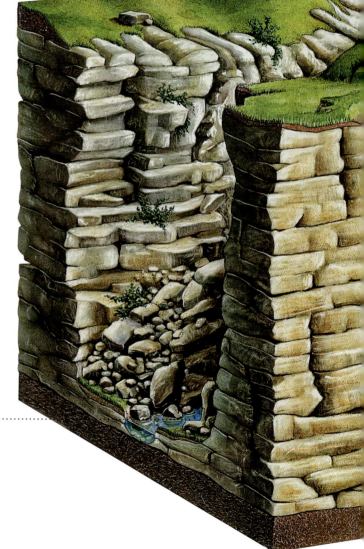

泉水

是地下水流出地表的地方。

世界最大的洞穴

位于马来西亚的沙捞越。总面积162700平方米，700米长，平均宽度300米，最低处高度70米。

地下河

水流充满这些地下空间，像一条真正的河流一样流淌。

地洞

通常在岩层分离处形成的地下空间。

钟乳石

垂挂在洞穴顶部的圆柱形钙质沉积，是由于石缝中流出的水滴作用而形成的。

裂缝

岩石上的扩展裂纹，垂直于岩石分层，通常成群出现，而且裂纹的方向一致。

洞穴

地下空间的顶部下降，空间扩大形成的空洞。

壶穴

垂直裂缝扩大形成的漏斗形垂直孔。

落水洞

也叫漏斗洞，是被垂直墙壁包围，底部被红黏土覆盖的小型椭圆形洼地。

石笋

由于洞穴顶部或钟乳石掉落的水滴带来的碳酸钙沉降作用，从洞穴地面垂直生出的不规则柱状钙质沉积。

石柱

由钟乳石和石笋连在一起而形成的。

集水池

U形喀斯特地下通道，这里的泉水间歇性涌出。

冰之河

冰川是巨大的移动冰块，它们形成于极地和高山地区的雪线之上。冰川是一种壮观的现象，它们能够将岩石磨成粉末，并将数百万吨的沉积物运送到很远的地方去。形成冰山除了需要积累、压实大量的雪，还要有足够陡的山坡，这样它才能够滑动起来。

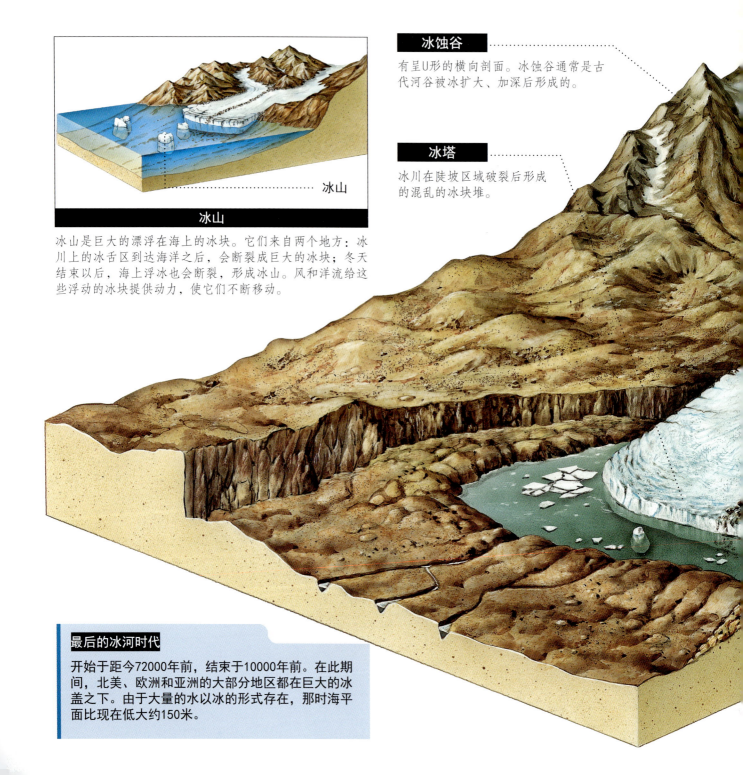

冰山

冰山是巨大的漂浮在海上的冰块。它们来自两个地方：冰川上的冰舌区到达海洋之后，会断裂成巨大的冰块；冬天结束以后，海上浮冰也会断裂，形成冰山。风和洋流给这些浮动的冰块提供动力，使它们不断移动。

冰蚀谷

有呈U形的横向剖面。冰蚀谷通常是古代河谷被冰扩大、加深后形成的。

冰塔

冰川在陡坡区域破裂后形成的混乱的冰块堆。

最后的冰河时代

开始于距今72000年前，结束于10000年前。在此期间，北美、欧洲和亚洲的大部分地区都在巨大的冰盖之下。由于大量的水以冰的形式存在，那时海平面比现在低大约150米。

山脉

分隔两个冰坑或冰川山谷的陡峭山峦。

裂缝

冰川运动在冰表面形成的裂缝。

冰川侧碛

冰川从谷壁刮落的岩石碎片,沉积在冰川两侧。

冰河裂缝

冰坑的岩壁和冰川之间又深又窄的裂缝。

冰坑

冰川的顶部,雪在这里融化结冰。

冰舌

从冰坑中流出,是山谷中冰川的一部分。

冰川底碛

冰川从谷壁刮落的岩石碎片,沉积在冰川底部。

冰川中碛

由两个冰舌的侧碛连结而成。

冰碛堰塞湖

冰川与古代终碛的障碍之间积累的融水。

终碛

冰舌最后一部分携带,积在冰川前方的物质。

水下世界

地球的大部分表面被水覆盖，而其中绝大部分属于海洋。由于海洋广而深的特点，可以将其划分几个区域，其中不乏人类未曾涉足的区域，它们就像外太空一样充满未知与危险。海床与陆地一样充满变化，不仅有山脉、火山、峡谷，也有山地的其他特点。

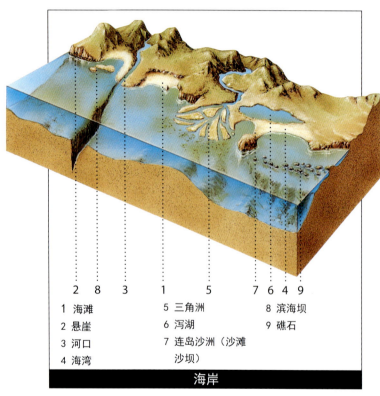

| 2 | 8 | 3 | 1 | 5 | 7 | 6 | 4 | 9 |

1 海滩
2 悬崖
3 河口
4 海湾

5 三角洲
6 泻湖
7 连岛沙洲（沙滩沙坝）

8 滨海坝
9 礁石

海岸

海浪、潮汐和洋流等现象决定了海岸的地理特征。

滨海区

潮汐涨落的区域，受海浪影响最强。

海底峡谷

古老的河流山谷被淹没，后又被发生在这里的海流发掘显现出来。

潮汐

潮汐是每隔一定时间海水的高度增加和减少的现象。潮汐发生的主要原因是月亮和太阳对海水产生的引力作用。最大程度的潮汐称为高潮，最小程度则称为低潮。

浅海区

低潮区和大陆坡
之间的区域。

远洋区

从大陆架边缘开始向海洋延
伸，包括海水最深的区域。

大陆架

地球大陆被水淹没的部分。

大陆坡

急剧下降的坡地，构成了大
陆架和深海之间的过渡。

深海平原

海床最大的部分；绝大部分是十分平
坦的水平区域，其中有海洋山脉、平
顶海山和火山群岛等地形地貌。

火山岛

可以出现在海洋中的任何地方，
但在板块边缘处最为常见。

海洋山脉

是岩石圈岩浆溢出，而后形成
的海底山脉。

平顶海山

是顶部平坦的海底山脉，
它们可能是顶部被侵蚀掉
的古代火山。

一个不断变化的星球

地球的地壳在对立因素的共同作用下发生了持续的改变，这些对立因素是：生成作用和内部力量，以及消减作用和外部力量。相同的过程持续了几百万年。内部力量以火山、地震、地层变形、沉降等形式出现，外部作用中最明显的是侵蚀。

1 土壤层A
富含有机物，植物就在这里扎根。

2 土壤层B
几乎不含有机物，是从上层土壤沉积而来的物质。

3 土壤层C
由风化的岩床碎片组成。

4 岩床
纯粹的岩石，标志着土地的下方边界。

土地

大陆地壳的最表层，由岩石碎块的产物以及空气、水、有机物和生物组成。

生物的作用

植物根系能够扩大岩石中的裂缝，把岩石分解，促进水和空气的渗透，同时加速化学风化作用。但改变土地最迅速的还是修建公路和水库，开采矿藏，砍伐森林等人类活动。

沉积作用
将物质运送到地壳低层。

风化作用
水与空气的化学作用（溶解、水解……）使物质产生改变的过程。

沉降作用
持续地沉降使重量增加，导致沉积物下沉。

变质作用
岩石的压力和温度增加，导致矿相变化，产生名为变质岩的新型岩石。

火山岩的形成

岩浆到达地表，在地表固化以后就形成了火山岩。

造山运动

板块碰撞中形成山脉的过程。从形成之时起，这些山脉就遭受着侵蚀作用。

冻融

热扩张和收缩，以及植物、树木的根系破坏等外部力量将岩石分离成碎片。

运输作用

侵蚀作用产生的物质通过水、风、冰等形式被运输到地壳上地势较低的位置。

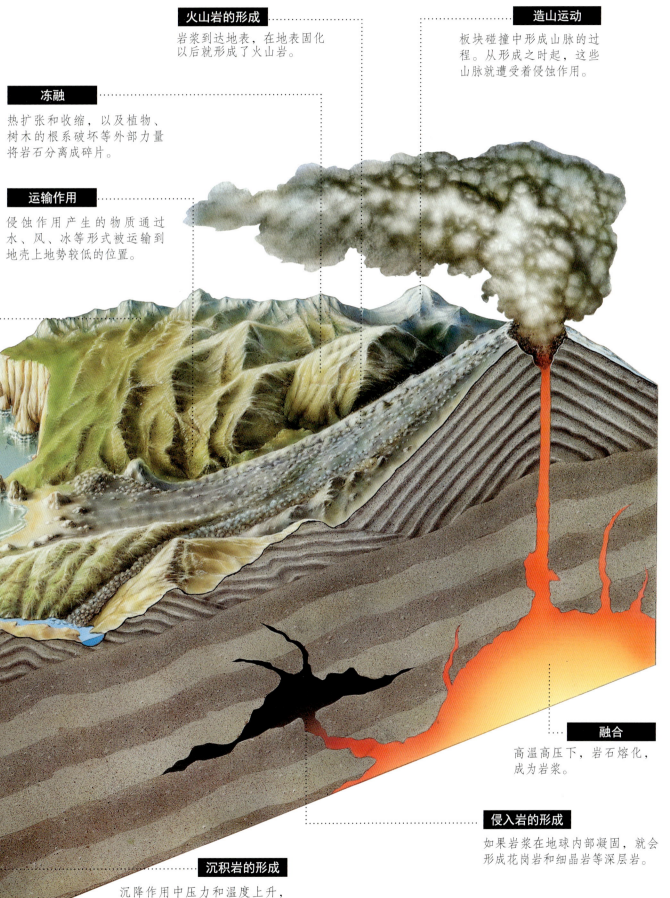

融合

高温高压下，岩石熔化，成为岩浆。

侵入岩的形成

如果岩浆在地球内部凝固，就会形成花岗岩和细晶岩等深层岩。

沉积岩的形成

沉降作用中压力和温度上升，导致沉积物挤压，形成岩石。

在平面上呈现的球体

地图是一个区域的二维（长和宽）呈现。由于地球上所有的地貌特征都是三维的，所以第三个维度（高）用等高线表示。将相同海拔的地形点连在一起就得到了这些等高线。为了在一个平面上表现地形特征，我们假设有一系列等距水平面通过地形点，而这些水平面在平面上的投影就形成了等高线。

4 悬崖
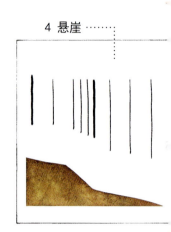

3 陡坡
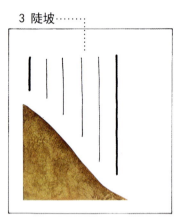

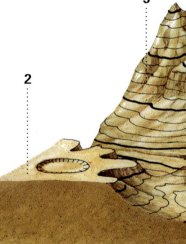

2

2 高原
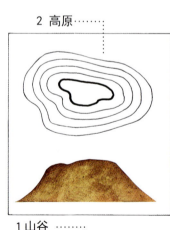

1 山谷
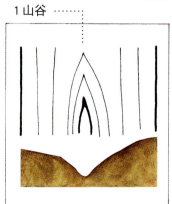

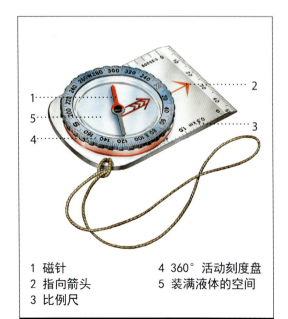

1 磁针　　　　4 360° 活动刻度盘
2 指向箭头　　5 装满液体的空间
3 比例尺

指南针

这种工具是利用一根磁针，在地球磁场磁力线的作用下，指示地磁场的北方。

北在哪里？

北有3种定义：地理意义上的北（地球自转轴与地表的交叉点），磁场意义上的北（指南针指示的方向）以及第三种定义（地图上的北）。前两种北的区别被称为磁偏角，它的值取决于我们所在的时间和地点。

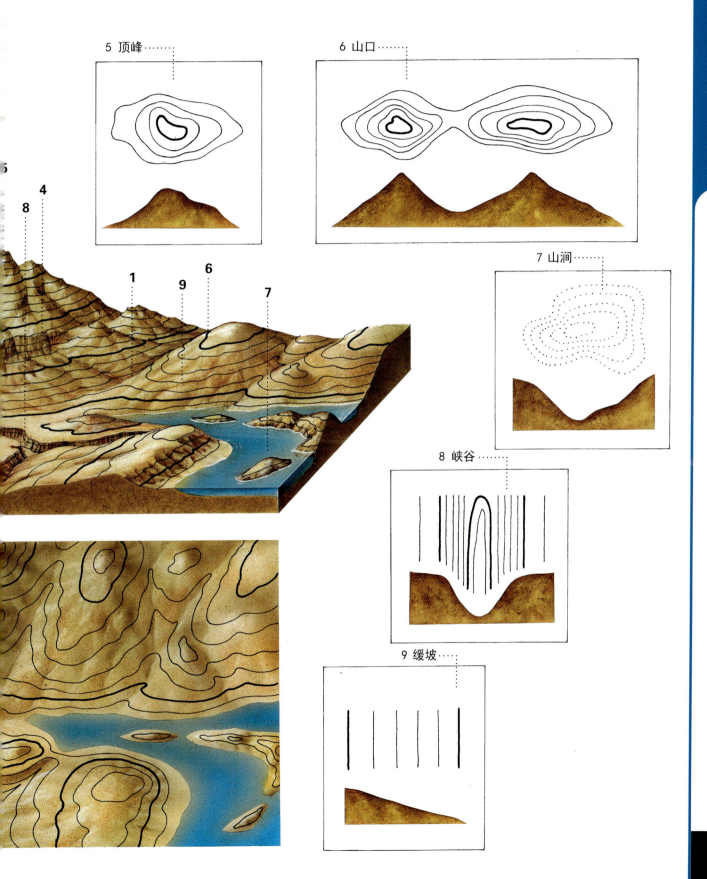

5 顶峰

6 山口

7 山涧

8 峡谷

9 缓坡

更多信息

地质时期年代表

代	纪	典型动物		年份*
显生宙 新生代	第四纪	现有动物 原始人类 猛犸象	人类时代	1.8
	新第三纪	哺乳动物 软体动物 湖蜗牛	哺乳动物时代	23.8
	第三纪	货币虫 哺乳动物 棘皮动物（海胆）		65
中生代	白垩纪	菊石 有孔虫 恐龙 厚壳蛤	爬行动物和菊石时代	144
	侏罗纪	菊石 箭石 恐龙 齿鸟		206
	三叠纪	菊石 软体动物 海百合 爬行动物（恐龙）		248
古生代	二叠纪	两栖动物 早期爬行动物 腕足动物	三叶虫时代	290
	石炭纪	棱菊石 腕足动物 纺锤虫 两栖动物		360
	泥盆纪	盾皮鱼 介形虫 棱菊石 珊瑚 腕足动物		409

续表

代	纪	典型动物		年份*
显生宙 古生代	志留纪	笔石 牙形刺	三叶虫时代	439
	奥陶纪	笔石 腕足动物 腹足动物		510
	寒武纪	三叶虫 腕足动物 古杯动物（钙质海绵）		570
前寒武纪	元古宙	无脊椎动物 最早的多细胞藻类 最早的原生动物 最早的多细胞生物		2500
	太古宙	最早的真核生物（细菌）		3900
	冥古宙			4600

* 百万年

地质时期

一般而言，地质过程发生得十分缓慢，人类无法观察得到。因此，地质学家根据全球地质和生物的大事件，发明了一个时间尺度，作为参考的绝对时间框架。这个框架以百万年前地球的形成为起点，各个时间段以地质（地层）和生物条件为建立标准。其中的几个主要时期是衡量地质时间的基础。

与地球有关的数字

质量（千克）	5.97×10^{24}
赤道半径（千米）	6 378.14
平均密度（克/立方厘米）	5.515
与太阳的平均距离（千米）	149 600 000
自转周期（天）	0.99727
自转周期（小时）	23.9345
公转周期（天）	365.256
公转平均轨道速度（千米/秒）	29.79
自转轴倾斜角度	23.450°
赤道表面重力加速度（米/秒²）	9.78
温度	最低−89℃；最高58℃
平均表面温度	15 ℃
大气压强（帕）	1.013×10^{5}
大气成分	
氮气	78%
氧气	21 %
其他	1%

地震

地球表层形变产生的压力累积并突然释放时就产生了地震。岩石在巨大压力的作用下破碎，使物质重新排列，同时释放出巨大的足以撼动大地的能量。地震的起源点（震源）位于不同深度——最深的位置可以达到地下700千米。地震在地壳板块的边界处尤其常见，这些震动很难预测，目前还没有有效的警报系统提前告知人们地震的发生。

麦加利震级和里克特震级比较表

麦加利震级（级）	里克特震级（大小）	观测现象
一级	不高于2.5	弱震只能被地震仪监测到
二级	2.5~3.1 甚微	只能被静止的人感受到
三级	3.1~3.7 微小	人口密集的区域里只有一部分人能感受到
四级	3.7~4.3 弱	运动中的人可以感受到，睡眠中的人可能被惊醒
五级	4.3~4.9 较强	在室外就可以感受到，会将人们从睡眠中惊醒
六级	4.9~5.5 强	所有人都能感受到，会使人行走不稳，树木和物品摇晃
七级	5.5~6.1 极强	人难以保持站立，悬挂的物品会掉落，可能发生较小的结构倒塌和塌方
八级	6.1~6.7 破坏性	房屋结构部分垮塌，会对普通房屋造成损害
九级	6.7~7.3 摧毁性	损坏钢筋结构，使建筑和房屋彻底倒塌，对地基、水坝和堤防造成损坏
十级	7.3~7.9 灾难性	毁坏大部分建筑物，推翻桥梁，对大坝和码头造成严重损坏
十一级	7.9~8.4 灾难性很强	仅有少数建筑能保持直立，地面上出现巨大裂缝
十二级	8.4~9 毁灭性	彻底破坏，大量岩石移位，物体被抛向空中

Original Spanish title: SECRETOS DE LA TIERRA from the series: NUESTRO PLANETA

Text: Eduardo Banqueri

Illustrator: Estudio Marcel Socías

©Copyright 2016 ParramonPaidotribo - World Rights

Published by Parramon Paidotribo, S.L., Badalona, Spain

©Copyright of this edition: LIAONING SCIENCE AND TECHNOLOGY PUBLISHING HOUSE LIMITED.

©2016，简体中文版权归辽宁科学技术出版社所有。

本书由Parramon Paidotribo授权辽宁科学技术出版社在中国出版中文简体字版本。著作权合同登记号：第06-2016-55号。

图书在版编目（CIP）数据

神奇的地球 / (西) 爱德华多·班克里著；张晨译. —沈阳：辽宁科学技术出版社，2017.1

（AR超级看）

ISBN 978-7-5381-9909-3

Ⅰ.①神… Ⅱ.①爱… ②张… Ⅲ.①地球—青少年读物 Ⅳ.①P183-49

中国版本图书馆CIP数据核字(2016)第190558号

出版发行：辽宁科学技术出版社
　　　　　（地址：沈阳市和平区十一纬路25号　邮编：110003）
印　刷　者：鹤山雅图仕印刷有限公司
经　销　者：各地新华书店
幅面尺寸：210mm×275mm
印　　张：2
插　　页：4
字　　数：80千字
出版时间：2017年1月第1版
印刷时间：2017年1月第1次印刷
责任编辑：姜　璐
封面设计：许琳娜
版式设计：许琳娜
责任校对：李　霞

书　　号：ISBN 978-7-5381-9909-3
定　　价：48.00元

投稿热线：024-23284062　1187962917@qq.com
邮购热线：024-23284502